Ernst Probst

Das Gravettien in Österreich

Eine Kulturstufe der Altsteinzeit

Widmung

Den Prähistorikern Dr. Elisabeth Ruttkay (1926–2009) und
Professor Dr. Johannes-Wolfgang Neugebauer (1949–2002) gewidmet,
die mich bei meinen Büchern
„Deutschland in der Steinzeit" (1991) und
„Deutschland in der Bronzezeit" (1996) unterstützt haben.

Impressum:
Das Gravettien in Österreich
1. Auflage als Print-Buch: Mai 2019
Autor: Ernst Probst
Im See 11, 55246 Mainz-Kostheim
Telefon: 06134/21152
E-Mail: ernst.probst (at) gmx.de
Herstellung: Amazon Distribution GmbH, Leipzig
ISBN: 978-1097820771

Mammutjäger und Gefährtin aus der jüngeren Altsteinzeit.
Zeichnung: Shuhei Tamura, Kanagawa, Japan

4

Denkmal der 1908 am Fundort „Willendorf II" in der Wachau entdeckten Frauenfigur „Venus I".
Foto: SchiDD / CC-BY-SA4.0 (via Wikimedia Commons), lizensiert unter Creative-Commons-Lizenz by-sa-4.0-de, https://creativecommons.org/licenses/by-sa/4.0/legalcode

Vorwort

Venusfiguren und Zwillinge

Österreich gehörte einige Jahrtausende lang zum von Russland bis nach Frankreich reichenden Verbreitungsgebiet der für die Kulturstufe Gravettien der Altsteinzeit typischen üppigen Frauenfiguren („Venusfiguren") aus Stein, Knochen oder Elfenbein. Als eines der bekanntesten Kunstwerke dieser Art gilt die 1908 am niederösterreichischen Fundort Willendorf II entdeckte steinerne „Venus von Willendorf". Aus derselben Kulturstufe stammt auch die 2005 in Niederösterreich gefundene Doppelbestattung von Säuglingen, die als „Zwillinge von Krems" für großes Aufsehen sorgten. Denn sie gilt weltweit als erstes Grab von Kleinstkindern des frühen *Homo sapiens*. Mit diesen Sensationsfunden und anderen Hinterlassenschaften eiszeitlicher Jäger und Sammler befasst sich das Taschenbuch „Das Gravettien in Österreich" des Wissenschaftsautors Ernst Probst. Den Begriff Gravettien hat 1938 die englische Archäologin Dorothy Garrod für die Funde aus der Halbhöhle von La Gravette bei Bayac im französischen Département Dordogne geprägt. Das Gravettien fiel in Österreich in eine Phase der Abkühlung und Ausbreitung der Alpengletscher. Anstelle von Wäldern gab es baumlose Steppen, in denen Mammute, Fellnashörner, Wisente, Rentiere und Steinböcke lebten.

Wiener Prähistoriker Josef Bayer (1882–1931).
Die Aufnahme zeigt ihn zur Zeit der Ausgrabungen
am Fundort Willendorf II in der Wachau (Niederösterreich)
im Jahre 1908.
Foto: Naturhistorisches Museum Wien,
Prähistorische Abteilung

Die „Venus von Willendorf"

Das Gravettien in Österreich

Nach dem Aurignacien folgte in Österreich das Gravettien als zweitälteste Kulturstufe der jüngeren Altsteinzeit (Jungpaläolithikum). Das Gravettien konzentrierte sich in der Wachau, im Kamptal und im angrenzenden nördlichen Niederösterreich. Über die Dauer dieser Kulturstufe kuriseren verschiedene Zeitangaben. Die Menschen des Gravettien waren Bewohner des flachen Landes. Sie kamen vielleicht über die ukrainisch-polnischen Ebenen aus Sibirien.

Die aus dem Gravettien stammenden Funde in Österreich wurden bis Ende der 1920er Jahre dem schon seit 1869 eingeführten Aurignacien zugeordnet. Dann jedoch erkannte der Wiener Prähistoriker Josef Bayer (1882–1931), dass sich die Zusammensetzung der Steinwerkzeuge aus den Schichten 2, 3 und 4 der Fundstelle Willendorf II (Ziegelei Ebner) auffällig von derjenigen der Schichten 5 bis 9 unterscheidet. In Schicht 4 lagen Kiel- und Kegelschaber, während die nach einem französischen Fundort benannten Gravette-Spitzen, Kerbspitzen und Stichel fehlten. Bayer ordnete Schicht 4 dem Mittelaurignacien zu. Die darüber liegende Schicht 5 der Fundstelle Willendorf II zeigt dagegen einen vollkommen anderen Charakter. Sie enthielt unter anderem acht Stichel, acht Gravette-Spitzen und sechs Klingen. Bayer stufte Schicht 5 ins Spätaurignacien und schlug dafür 1928 den Begriff Aggsbachien vor, weil in Aggsbach (Niederösterreich) bereits früher

Englische Archäologin Dorothy Garrod (1892–1968).
Foto: Newnham College, Cambridge, um 1905
(via Wikimedia Commons),
Lizenz: gemeinfrei (Public domain)

ein ähnliches Inventar von Steinwerkzeugen entdeckt worden war. Da dort keine älteren Fundschichten vorlagen, konnte man jedoch noch keine Unterschiede feststellen. Der Name Aggsbachien setzte sich nicht durch.

1938 prägte die englische Archäologin Dorothy Garrod (1892–1968) für die Funde aus der Halbhöhle von La Gravette bei Bayac im französischen Département Dordogne, unter denen sich die charakteristischen Gravette-Spitzen befanden, den Begriff Gravettien. Dieser Name ist heute auch in Österreich gebräuchlich.

Das Gravettien fiel in Österreich in eine Phase der Abkühlung und Ausbreitung der Alpengletscher. Anstelle von Wäldern gab es baumlose Steppen, in denen Mammute, Fellnashörner, Wisente, Rentiere und Steinböcke lebten. Außerdem kennt man aus dieser Zeit die Überreste von Höhlenlöwen, Höhlenbären, Wölfen und Luchsen.

Skelettreste der Gravettien-Leute entdeckte man bisher ausschließlich in Niederösterreich, so in Krems-Hundssteig, in Krems-Wachtberg, im Mießlingtal bei Spitz und in Willendorf. In Aggsbach kam ein Zahnrest zum Vorschein. Die bisher in Österreich geborgenen Skelettreste erlaubten kaum Aussagen über das Aussehen dieser Menschen.

Männliche Gravettien-Leute erreichten teilweise bereits eine beachtliche Größe. So war ein Mann aus Pavlov (Pollau) in Tschechien 1,85 Meter groß. Die Frauen maßen selten mehr als 1,60 Meter. Komplette Skelette entdeckte man vor allem in Tschechien, wo allein am Fundort Predmost bei Prerov in Mähren 20 vollständige Bestattungen gefunden wurden.

Rätsel gibt die 1947 in Dolni Vestonice (Unterwisternitz) in Mähren von dem tschechischen Prähistoriker Bohuslav Klima (1925–2000) aus Brno (Brünn) entdeckte Bestattung einer etwa 40 Jahre alten Frau auf. Ihre schiefen Gesichtszüge gleichen

Replik eines aus Mammutelfenbein geschnitzten Frauenkopfes mit schiefem Gesicht aus Dolni Vestonice im Krahuletz-Museum in Eggenburg (Niederösterreich).

denen eines bereits 1936 in Dolni Vestonice geborgenen, aus Mammutelfenbein geschnitzten Köpfchens. Das Grab und die Grabbeigaben der Toten sprechen für deren besondere Stellung. Ihr Kopf war mit Ocker bestreut, ihren Körper schützten Mammutschulterblätter. Ins Grab dieser Frau hatte man Steinwerkzeuge und einen Polarfuchs gelegt. Ein weithin sichtbares Mammutbecken markierte längere Zeit als Stele das Grab. Womöglich handelte es sich bei dieser Toten, der eine gewisse Ahnenverehrung zuteil wurde, um eine Schamanin? Am Fundort Dolni Vestonice II barg man 1986 ein Dreifachgrab, in dem man drei junge Männer nebeneinander beerdigt hatte. Wie anthropologische Funde von Dolni Vestonice I erhielten auch die Neufunde von Dolni Vestonice II eine fortlaufende Nummerierung. In diesem Fall: DV 13 (links), DV 14 (rechts) und DV 15 (Mitte). Die drei jungen Männer im Alter von maximal 20 bis 25 Jahren waren mindestens 1,68 (DV 13), 1,79 (DV 14) und 1,59 Meter (DV 15) groß. Einer von ihnen (DV 13) hatte eine tödliche Stichverletzung durch einen Speer erlitten, ein anderer (DV 14) eine tödliche Schlagverletzung durch einen stumpfen Gegenstand. DV 14 lag auf dem Bauch. Zwischen den Kiefern von DV 15 befand sich eine Pferderippenstück, das als Beißholz zur Schmerzlinderung gedeutet wird. Die Schädel der drei Verstorbenen hat man mit einem Gemisch aus Lehm und Rötel bedeckt. Bei DV 15 war auch der Schoß mit Rötel bestreut. In Krems-Hundssteig barg der von 1890 bis 1893 die Lehrerbildungsanstalt besuchende Alois Kesseldorfer sechs Röhrenknochen einer etwa 1,60 Meter großen Frau, die im Alter von ungefähr 30 Jahren gestorben war. Bei den Funden handelt es sich um den rechten und linken Oberarmknochen, den rechten und linken Oberschenkel sowie um das rechte und linke Schienbein. Diese Skelettreste wurden etwa 60 Jahre später

Deutscher Geograph Albrecht Penck (1858–1945).
Foto: Library of Congress, Prints & Photographs Divsion,
Washington, D.C.,
Bain News Service, George Graham Bain Collection,
Digital ID: ggbain-01124

der „Anthropologischen Abteilung" des „Naturhistorischen Museums" in Wien übergeben, wo sie heute noch aufbewahrt werden. Bedauerlicherweise sind zwei ebenfalls in Krems-Hundssteig geborgene menschliche Skelette weggeworfen worden. Ein später von derselben Fundstelle zusammen mit Tierknochen zum Vorschein gekommener Oberschenkelknochen sowie ein Unterschenkelknochen gingen ebenfalls verloren. Dies sind traurige Beispiele dafür, welch geringe Beachtung man früher urgeschichtlichen Skelettfunden schenkte.

Der nächste Fund eines Menschen aus dem Gravettien in Österreich erfolgte 1896 am nordöstlichen Ortsende von Spitz an der Donau in Niederösterreich. Am Fuße des Arzberges stießen der Landwirt Anton Pichler und sein Helfer Josef Lagler beim Ausheben eines Fundaments für das Wohnhaus von Pichler auf eine Schicht mit Steinwerkzeugen, Tierknochen und das vollständig (!) erhaltene Skelett eines Menschen. In der Fachliteratur wird diese Fundstelle im Tal des Mießlingsbaches als Mießlingtal A bezeichnet. Bedauerlicherweise wurde das Skelett wegen der abergläubischen Furcht von Frau Pichler vor Toten zerschlagen und in den vorbei fließenden Bach geworfen, während man das übrige Material neben dem Haus aufschüttete. Damit ging einer der wertvollsten urgeschichtlichen Funde Österreichs für die Wissenschaft verloren.

1912 barg der Wiener Prähistoriker Josef Bayer bei einer Exkursion mit dem damals in Berlin wirkenden Geographen Albrecht Penck (1858–1945) im Mießlingtal zertrümmerte Tierknochen, Steinwerkzeuge und Rötelstücke zum Färben von Körper und Gegenständen. Diese Fundstelle wird Mießlingtal E genannt. Angesichts dieser Funde und des Hinweises von Pichler auf seine Entdeckung von 1896 beschloss Bayer, in

den nächsten Jahren eine Grabung im Mießlingtal vorzu-
nehmen. Im März 1914 begann Pichler mit weiteren
Erdarbeiten in der Umgebung seines Wohnhauses. Als die
„Prähistorische Abteilung" des „Naturhistorischen Museums"
in Wien davon erfuhr, bewirkte sie eine Einstellung dieser
Arbeiten. Bei seinen Grabungen vom 1. bis 4. April 1914 im
Mießlingtal untersuchte Bayer zunächst jene Stelle, an der 1896
das komplette Skelett gefunden worden war. Er ließ sogar die
Pflasterung des Hofes aufreißen, um die näheren Fundum-
stände zu klären. Dabei barg er am 3. April 1914 ein Unter-
kieferbruchstück von einem etwa acht bis neun Jahre alten
Kind. Zugleich erforschte Bayer den Talhang zwischen dem
Wohnhaus von Pichler und dem benachbarten Felsvorsprung.
Insgesamt konnte Bayer vier verschiedene Fundstellen
nachweisen, die in der Fachliteratur Mießlingtal A, B, C und
D genannt werden.
Vom 26. April bis 11. Juli 1914 nahm Bayer im Mießlingtal
eine weitere Grabung vor, bei der er auf verschiedene
Siedlungsspuren stieß. 1921 folgte noch eine Untersuchung,
als für den Bau eines Stalles Erdarbeiten erforderlich waren.
Zu den Fundorten mit menschlichen Skelettresten aus dem
Gravettien gehören auch Willendorf I und Willendorf II
(Ziegelei Ebner) in der Wachau. In Willendorf I barg man bei
der Grabung 1884/1885 das 20 Zentimeter lange rechte
Oberschenkelfragment einer mutmaßlich weiblichen Erwachse-
nen, für die man eine Körpergröße von 1,54 Meter errechnete.
In Willendorf II (Schicht 9) wurde 1908 bei der Grabung von
Josef Szombathy, Josef Bayer und Hugo Obermaier ein
vermutlich weibliches Unterkieferbruchstück entdeckt.
In Aggsbach gelang Josef Bayer 1911 der Fund eines frag-
mentarisch erhaltenen menschlichen Mahlzahns. Der Wiener
Anthropologe Wilhelm Ehgartner (1914–1965) identifizierte

diese Entdeckung später als rechten, unteren dritten Backenzahn. Ehgartner war von 1955 bis 1965 Leiter der „Anthropologischen Abteilung" des „Naturhistorischen Museums Wien".

Vielleicht gehören auch zwei Ober- und Unterschenkelknochen eines Menschen, die im Sommer 1987 in Grafensulz (Niederösterreich) entdeckt wurden, ins Gravettien. Sie kamen bei Instandsetzungsarbeiten für ein im strengen Winter 1986/1987 eingestürztes Kellergewölbe zum Vorschein, als ein Bagger den eingefallenen Teil großräumig ausgrub. Dabei stieß der Arbeiter Johann Meisel etwa sechs Meter unter der Erdoberfläche auf die erwähnten Knochen. Die intensive Nachforschung durch den verdienstvollen Heimatforscher Hermann Maurer aus Wien erbrachte keine weiteren Hinweise. Bei den Funden aus Grafensulz handelt es sich nach Meinung der Wiener Anthropologin Maria Teschler-Nicola vermutlich um Reste einer kleinen grazilen Frau aus der Altsteinzeit. Ihr Erhaltungszustand stimmt mit demjenigen der menschlichen Knochenfunde von Krems-Hundssteig überein. Da der Fundort nicht weit von Freilandstationen aus dem Gravettien entfernt ist, könnten diese Knochenreste derselben Kulturstufe angehören.

Im September 2005 gelang bei einer von der „Österreichischen Akademie der Wissenschaften" veranlassten Grabung am Wachtberg in Krems an der Donau (Niederösterreich) eine sensationelle Entdeckung. In ungefähr 6 Meter Tiefe stieß das Grabungsteam der Prähistorikerin Christine Neugebauer-Maresch unter einem Mammutschulterblatt auf die Doppelbestattung von zwei Säuglingen, die phantasievoll als „Zwillinge von Krems" bezeichnet wurden. Die beiden Kleinstkinder sind vielleicht während oder kurz nach der Geburt gestorben. Ihre Schädel waren nach Norden und ihre Gesichter nach Osten

16

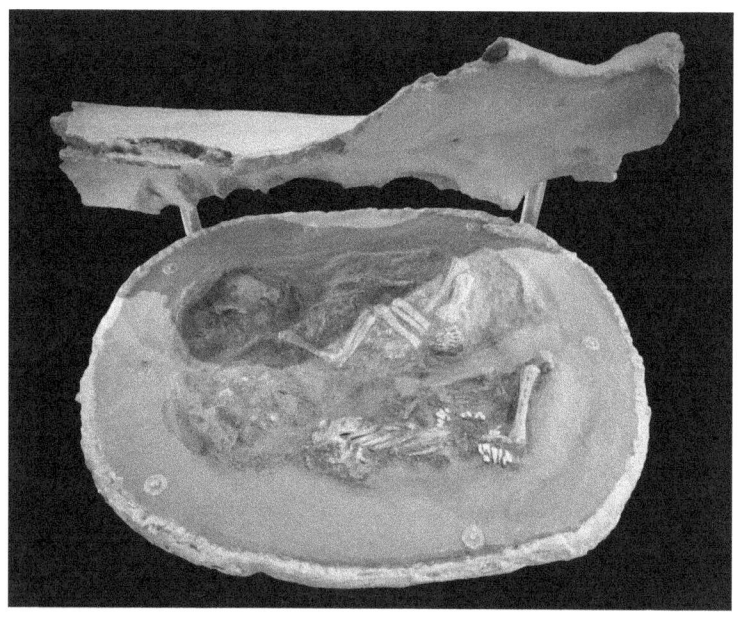

Replik der 2005 in Krems-Wachtberg (Niederösterreich) entdeckten,
mit einem Mammutschulterblatt bedeckten Säuglings-Doppelbestattung
(„Zwillinge von Krems") im „Naturhistorischen Museum Wien".
Foto: Thilo Parg / CC-BY-SA3.0 (via Wikimedia Commons)
lizensiert unter Creative-Commons-Lizenz by-sa-3.0,
https://creativecommons.org/licenses/by-sa/3.0/legalcode

zur aufgehenden Sonne ausgerichtet. In beiden Fällen hatte man die Beine stark zum Körper hin angewinkelt (Hocker-bestattung). Im Beckenbereich des westlich bestatteten Säuglings befanden sich mindestens 35 Perlen aus Mammut-elfenbein, die vielleicht von einer Kette oder einem Gürtel stammten. Beide Bestattungen hatte man mit Ocker bestreut. Wollte man damit nur ein besseres Aussehen der Toten bzw. eine gewisse Festlichkeit erreichen oder glaubte man, mit der Farbe des Blutes und somit auch des Lebens die Toten wieder erwecken zu können? Womöglich waren die Kinderleichen in Leder oder Fell eingeschlagen worden.

Im Juli 2006 glückte in Krems-Wachtberg ein weiterer Sensationsfund. Nur anderthalb Meter von der Doppel-bestattung entfernt entdeckte man Skelettreste eines ungefähr drei Monate alten Säuglings. Diese Bestattung war nicht so gut erhalten wie die mit einem Mammutschulterblatt abgedeckte Doppelbestattung. Diesmal lag der Kopf im Süden. Wie bei der Doppelbestattung war das Gesicht nach Osten zur aufgehenden Sonne gewandt. Auch die Beine waren wieder angewinkelt und der Leichnam mit Ocker bestreut. Im Kopfbereich lag eine 7 Zentimeter lange Nadel aus Mam-mutelfenbein, mit der man vielleicht eine Fell- oder Lederhülle verschlossen hatte, in welcher sich der kleine Leichnam befand. 2008 barg man in Krems-Wachtberg noch die Rippe eines ungefähr 12 Jahre alten Kindes, die von einer weiteren Bestattung aus dem Gravettien stammte.

Die Doppelbestattung und die Einzelbestattung der insgesamt drei Säuglinge in Krems-Wachtberg erfolgten etwa 100 Meter von der Fundstelle Krems-Hundssteig entfernt. Rund 40 Meter davon entfernt liegt die Fundstelle, an der 1930 der Wiener Prähistoriker Josef Bayer gegraben und Siedlungsspuren entdeckt hatte.

Im Juli 2015 begann die Freilegung der Skelettreste und Artefakte aus dem in Krems-Wachtberg geborgenen Grabblock der Doppelbestattung in der „Anthropologischen Abteilung" des „Naturhistorischen Museums Wien" („NHM"). Die „Ausgrabung im Museum" wurde von der Prähistorikerin Christine Neugebauer-Maresch („Österreichische Akademie der Wissenschaften") und der Anthropologin Maria Teschler-Nicola („Naturhistorisches Museum Wien") geleitet. In einer Pressemitteilung der „Österreichischen Akademie der Wissenschaften" von 2015 hieß es: „Mit der Verfügbarkeit eines transportablen, hochauflösenden 3D-Streifenlichtscanners mit integrierten Digitalkameras sowie mit fotogrammetrischen Tools kann nun im NHM Wien im Verlauf der kommenden Monate jedes Detail bei der Freilegung der altsteinzeitlichen Doppelbestattung genauestens dokumentiert und analysiert werden. Bei dieser „Ausgrabung im Museum" werden die Lage und Form jedes Knöchelchens ebenso wie alle Einzelheiten der Rötelfärbung und der Kette aus Elfenbeinanhängern, die sich im Grab fand, festgehalten. Die Ausgrabung erlaubt es zudem, die bisher völlig unbekannte Unterseite nicht nur der Skelette sondern auch der Grabsohle zugänglich und damit sichtbar zu machen. Dadurch lässt sich beispielsweise die Frage klären, ob die filigrane Kette lediglich beigelegt oder einem der Säuglinge umgehängt wurde."

Kurz nach der Entdeckung der Doppelbestattung vom Wachtberg ermittelte man mit der Radiokarbonmethode ein Alter von etwa 27.000 Jahren, später mit einer anderen Datierungsmethode sogar von rund 32.000 Jahren. Die Doppelbestattung von Krems-Wachtberg gilt weltweit als erstes Grab von Kleinstkindern des frühen *Homo sapiens*. Sie belegt, dass die damaligen Jäger und Sammler bereits Säuglingen eine große Wertschätzung entgegenbrachten.

Die wissenschaftlichen Bearbeiter der Säuglingsbestattungen von Krems-Wachtberg ordnen diese der Kulturstufe Gravettien zu. Im Buch „Deutschland in der Steinzeit" (1991) des Wiesbadener Wissenschaftsautors Ernst Probst dauert das Gravettien von etwa 28.000 bis 21.000 Jahren und das davor liegende Aurignacien von rund 35.000 bis 29.000 Jahren. Wenn dies heute noch gälte, würde die etwa 32.000 Jahre alte Doppelbestattung vom Wachtberg in das Aurignacien gehören. Auf der Internetseite academica.com währt das Gravettien von etwa 31.000 bis 25.000 Jahren, womit die Doppelbestattung ebenfalls im Aurignacien stattgefunden hätte. Dem Aurignacien müsste man die Doppelbestattung auch zurechnen, wenn man der Internetseite „Prähistorische Archäologie.de" glauben würde, wo für das Gravettien ca. 28.000 bis 22.000 Jahre angegeben werden. Im Online-Lexikon „Wikipedia" beginnt das Gravettien vor etwa 35.000 Jahren und endet vor rund 24.000 Jahren, womit die Doppelbestattung am Wachtberg in dieser Kulturstufe läge. Laut „Wikipedia" reichen Datierungen von Fundstellen aus dem Gravettien von etwa 35.000 bis 27.000 Jahren, was die Doppelbestattung vom Wachtberg ebenfalls in das Gravetten stellt. In einer Pressemitteilung der „Österreichischen Akademie der Wissenschaften" von 2015 wird die Dauer des Gravettien mit etwa 34.000 bis 29.000 Jahren angegeben. Damit läge die Doppelbestattung wieder im Gravettien. Aus Österreich sind meist Siedlungen des Gravettien im Freiland bekannt. In den Nachbarländern Deutschland, Tschechien und Italien entdeckte man dagegen auch in Höhlen aussagekräftige Siedlungsspuren.

Die wichtigsten Freilandstationen aus dem Gravettien in Österreich liegen in Niederösterreich (Aggsbach, Krems-Wachtberg, Langenlois, Willendorf II). Eine Siedlungsstelle unter einem vorspringenden Felsen (Abri) fand man im

Aggsbach an der Donau in Niederösterreich.
Foto: Christian Janska (User Tschaensky) / CC-BY-SA2.5
(via Wikimedia Commons),
lizensiert unter Creative-Commons-Lizenz by-sa-2.5-de,
https://creativecommons.org/licenses/by-sa/2.5/legalcode

Mießlingtal bei Spitz in Niederösterreich. Die Felswand ist dort etwa 7 Meter hoch und 5 Meter lang. Die überhängenden Felspartien sind heute durch Abbruch und Verwitterung größtenteils zerstört. Dieses Lager war nach zwei Seiten hin windgeschützt und nur nach Süden zu offen. In unmittelbarer Nähe floss ein Bach, der die Trinkwasserversorgung sicherte. Unter dem Felsdach befanden sich einst zwei Feuerstellen, die jedoch nicht unbedingt gleichzeitig benutzt worden sein müssen.

In Aggsbach an der Donau, etwa drei Kilometer von der weltberühmten Fundstelle Willendorf II entfernt, gelten die dort gefundenen Steinwerkzeuge als Beleg für einen Siedlungsplatz aus dem Gravettien. Dort wurden mehrere Fundstellen entdeckt. Auf die erste – Fundstelle A genannt – stieß man 1883, als auf dem Grundstück des damaligen Bürgermeisters und Wirtes Ebner eine kleine Ziegelei errichtet wurde. Beim Lössabbau kamen erste Artefakte zum Vorschein, wovon der Ingenieur und Heimatforscher Ferdinand Brun (1850–1903) aus Kottes erfuhr, der diese Funde bekannt machte. 1884 hörte der Wiener Prähistoriker Josef Szombathy (1853–1943) von der Entdeckung. Er besichtigte am 5. Oktober 1884 zusammen mit Brun die Fundstelle. Brun übernahm von da ab das Aufsammeln der Funde, wobei er von dem Wiener Landschaftsmaler Hans Fischer (1848–1915) unterstützt wurde, der in den Sommermonaten von 1888 bis 1891 die Untersuchungen fortsetzte. Die Fundstelle B im Garten des Fabrikanten Heinrich Abel aus Wien wurde 1909 bei einem kurzen Besuch des Wiener Prähistorikers Josef Bayer entdeckt und 1911 ausgegraben. Als Fundstelle C wird der Bergkirchner Keller bezeichnet, der im Winter 1910/1911 eingestürzt war, wobei eine Kulturschicht sichtbar wurde. Weitere Fundstellen spürte man später auf. Eine umfassende Bearbeitung der Funde aus Aggsbach unter den heute üblichen wissenschaftlichen Maßstäben nahm 1951 der Wiener Prähistoriker Fritz Felgenhauer (1920–2009) vor.

Nicht ganz klar ist, was der Wiener Prähistoriker Josef Bayer im Juli 1930 innerhalb von sieben Tagen auf dem Wachtberg in Krems (Niederösterreich) ausgrub. Er entdeckte zwei ringförmig aufeinander zu laufende Gräben, die mit Asche und Holzkohlestückchen verfüllt gewesen sind. In den Pfostenlöchern waren vielleicht Holzstützen mit großen Tierknochen und Mammutstoßzähnen verkeilt. Bayer könnte auf Reste einer Hütte oder auf Luftkanäle eines Brennofens gestoßen sein. Zwei aus Lehm geschaffene und gebrannte fragmentarisch erhaltene Tierfiguren deuten vielleicht auf letzteres hin. Die Tonbruchstücke könnten den Kopf eines Rentieres oder einer Saiga-Antilope sowie das Rumpfvorderteil eines Höhlenlöwen darstellen. Zum Fundgut gehörten mehr als 2.200 steinerne Artefakte sowie Knochen und Zähne von Mammut (8 Tiere), Wolf (mindestens 6), Rotfuchs (4), Vielfraß (3), Rentier (2), Steinbock (2), Moschusochse (1), Rothirsch (1) und Eisfuchs (1). Auch die Röhrenknochen der Wölfe hat man zwecks Markgewinnung aufgeschlagen. Diese Raubtiere wurden wegen ihres Felles und ihres Fleisches erlegt.

Zu den aufschlussreichsten Freilandsiedlungen aus dem Gravettien Österreichs gehört jene von der Ziegelei Kargl in Langenlois unweit von Krems. Dort stieß Fritz Felgenhauer 1961 bei Grabungen auf wannenförmige Vertiefungen, Pfostenlöcher mit Resten aufgestellter Mammutstoßzähne sowie Spuren von Feuerstellen. In Langenlois hatten Gravettien-Leute vermutlich einige kegelförmige oder längliche Hütten errichtet. Dabei dienten Stoßzähne und Knochen vom Mammut sowie

Steine als Wandstützen. Nach der Ausdehnung der Siedlungsspuren zu schließen, dürften hier etwa acht Personen gelebt
haben.

An der Fundstelle Willendorf II betrachtet man die Schichten
5 bis 9 als Siedlungsreste aus dem Gravettien. Sie enthalten
vor allem Steinwerkzeuge. Willendorf II wurde bereits 1889
entdeckt. An der Bergung der Funde waren Pioniere der
Urgeschichtsforschung aus Österreich beteiligt.

Bei Ausgrabungen in Dolni Vestonice (Unterwisternitz) in
Mähren (Tschechien) entdeckte der Prähistoriker Bohuslav
Klima aus Brno zwei Grundrisse von an einem leichten Hang
nahe einer Quelle errichteten Hütten. In der 1950 gefundenen,
5 mal 9 Meter großen Hütte (Dolni Vestonice I) mit
nierenförmigem Grundriss gab es fünf Feuerstellen. Rund
30.000 geborgene Steinwerkzeuge stammen aus der Werkstatt
eines Steinschlägers. Am Westrand der Hütte lag in einer
flachen Grube unter Mammutschulterblättern das Skelett einer
bestatteten Frau. Etwa 80 Meter von dieser Behausung entfernt
stieß man 1951 auf eine kreisförmige Hütte (Dolni Vestonice
II) mit einem Durchmesser von 6 Metern. Ungefähr in der
Mitte dieser Unterkunft befand sich eine Feuerstelle, in deren
Asche etliche Bruchstücke von Menschen- und Tierfiguren
aus Ton lagen. Aus den Pfahlgruben schloss man, dass das
Dach jener Behausung pultförmig gestaltet war. Auf einer Seite
ruhte es auf Tragpfählen, auf der anderen auf dem Boden des
Hanges. Diese abseits stehende Behausung mit Tonfiguren und
Resten zweier Brennöfen wird als „Hütte des Schamanen"
bezeichnet.

Der Fundplatz Dolni Vestonice wurde 1922 entdeckt und
zwischen 1924 und 1938 durch den Paläoanthropologen Karel
Absolon (1887–1960) vom „Mährischen Landesmuseum

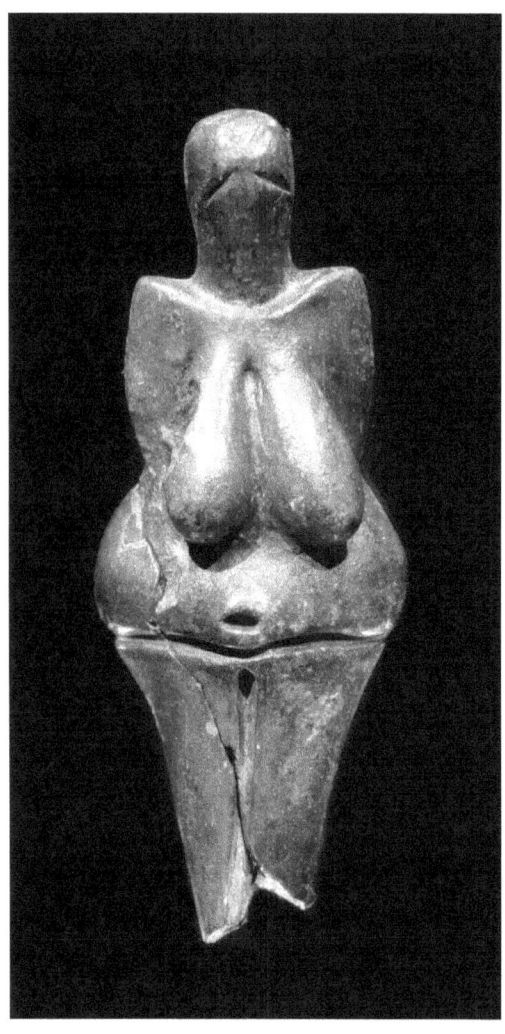

„Venus von Dolni Vestonice" (Unterwisternitz) in Tschechien).
Foto: Petr Novák, Wikipedia / CC-BY-2.5,
lizensiert unter Creative-Commons-Lizenz by-2.5-de,
https://creativecommons.org/licenses/by-sa/2.5/legalcode

Brünn" ausgegraben. Er fand eine große Anhäufung von Mammutknochen, die er als Abfallhaufen beschrieb, und 1925 die in zwei Teile zerbrochene, 11,1 Zentimeter hohe Tonfigur „Venus von Dolni Vestonice". Die Menschen des Gravettien haben vor allem Mammute erlegt. Diese großen Rüsseltiere lieferten ihnen viel Fleisch, aber auch Knochen und Stoßzähne als Baumaterial für ihre Behausungen, wie das Beispiel von Langenlois zeigt. Daneben wurden Mammutknochen als Rohstoff für Werkzeuge und Mammutelfenbein als Material für Kunstwerke verwendet. Den Mammuten rückte man mit Stoßlanzen und Wurfspeeren aus Holz zu Leibe. Dazu waren viel Mut, List und Geschick nötig, wenn die Jagd nicht für manchen der daran Beteiligten tödlich enden sollte.

Die Mammutjagd ist durch Funde aus den Weinberghöhlen bei Mauern in Bayern besonders eindrucksvoll belegt. Dabei handelt es sich um vier nebeneinanderliegende, miteinander verbundene Höhlen sowie um eine weitere Höhle im Wellheimer Trockental. Am östlichen Eingang zur Mammuthöhle fand man den vollständigen Schädel eines jugendlichen Mammuts, dessen Stoßzähne teilweise abgebrochen waren und dicht davor lagen. Außerdem barg man Teile von Mammutwirbelsäulen, zwei Mammutschulterblätter, viele Rippen und vordere Extremitätenknochen vom Mammut sowie 14 durchlochte Elfenbeinanhänger und ebenfalls durchlochte Zähne vom Höhlenbären, Wolf, Eisfuchs und Rentier. Da die Fundstelle stark von Rötel gefärbt war und Holzkohlenreste enthielt, vermutete der umstrittene Ausgräber Assien Bohmers (1912–1988) aus Groningen in Holland eine kultische Funktion. Später entdeckte man am östlichen Eingang der Mittelhöhle das Skelett eines etwa zehn Jahre alten Mammuts, das noch die

Versöhnungszeremonie von Jägern aus dem Gravettien
für ein getötetes Mammut.
Zeichnung: Fritz Wendler (1941–1995)
für das Buch „Deutschland in der Steinzeit" (1991)
von Ernst Probst

Stoßzähne trug. Das Skelett ruhte auf einer mehrere Zentimeter dicken Schicht roter Erde und war mit vielen durchlochten Elfenbeinperlen und zahlreichen Feuersteinwerkzeugen überhäuft. Die „Perlen" und die Werkzeuge waren rot gefärbt. Handelte es sich hier etwa um eine Versöhnungszeremonie für ein getötetes Mammut?

Die Jagdbeutereste von verschiedenen Fundstellen in Niederösterreich zeigen, dass neben dem Mammut auch der Höhlenbär sowie Wolf, Luchs, Wisent, Steinbock und das Rentier zur Strecke gebracht wurden. Im Mießlingtal bei Spitz waren auffällig viele der Rentierknochen zerschlagen, so als hätte man ihr Mark entnehmen wollen. Jagdbeutereste vom Rentier kennt man auch von Stillfried an der March in Niederösterreich.

Der Fabrikant und Heimatforscher Matthäus Much (1832–1909) aus Wien grub 1879, nachdem er einige Jahre zuvor von altsteinzeitlichen Funden erfahren hatte, in Stillfried eine Kulturschicht mit Tierknochen, Kohlestückchen und Artefakten aus. 1880/1881 kamen beim Lössabbau an der gleichen Stelle weitere Teile der Kulturschicht an Tageslicht, worauf Much diese Fundstelle untersuchte. Danach haben verschiedene Sammler und Prähistoriker 1910, 1919, 1933, 1950 und um 1953 Artefakte geborgen. Ende der 1950er Jahre stieß man in einem Keller bei Erweiterungsarbeiten auf eine Fundschicht mit Tierknochen und Holzkohle. Auch bei der seit 1969 unter der Leitung des Wiener Prähistorikers Fritz Felgenhauer vorgenommenen systematischen Ausgrabung wurden mehrfach Artefakte geborgen und schließlich 1974 eine Rentierjägerstation entdeckt.

Häufig legten die Gravettien-Jäger ihre Lagerplätze und Siedlungen im Freiland in Nähe der großen Wildwechsel am Rande von Auenlandschaften an. Das Fleisch der getöteten Wildtiere

Gesichtsrekonstruktion eines Jungen aus Grab 2 von Sungir bei Vladimir unweit der russischen Hauptstadt Moskau.
Foto: Murmure2013 / CC-BY-SA4.0 (via Wikimedia Commons), lizensiert unter Creative-Commons-Lizenz by-sa-4.0-en, https://creativecommons.org/licenses/by-sa/4.0/legalcode

dürfte meist an Holzstöcken oder Knochen großer Säugetiere aufgespießt, über offenem Feuer gebraten worden sein. Größere Stücke rohen oder gebratenen Fleisches hat man vermutlich mit scharfkantigen Feuersteinwerkzeugen zerteilt. Außer Fleisch spielte wahrscheinlich eine große Zahl essbarer Früchte, Beeren, Kräuter und Samen, die von den Frauen und Kindern gesammelt wurden, eine wichtige Rolle bei der Ernährung.

Im Gegensatz zum vorhergehenden Aurignacien liegen aus dem Gravettien in Osterreich keine Funde von Schmuckschne-cken aus außerösterreichischen Gebieten vor, die auf Tauschgeschäfte hindeuten. Vielleicht ist dies aber nur eine Fundlücke und kein Beweis für fehlende Tauschgeschäfte.

Da die Menschen des Gravettien in Österreich während einer Kaltzeit der Würm-Eiszeit lebten, trugen sie sicher wärmende Kleidung: Dies ist für diese Zeit in Italien (Arene Candide) und Russland (Sungir bei Wladimir) archäologisch belegt.

Ein in der Höhle Arene Candide an der ligurischen Küste nahe der Stadt Finale Ligure in der italienischen Provinz Savona bestatteter Mann wird wegen seiner reichen Grab-beigaben als „Prinz" bezeichnet. Der Tote lag ausgestreckt in einer Schicht aus rötlichem Ocker. Er trug einen Pelzumhang aus rund 400 senkrecht angeordneten Eichhörnchenfellen. Seinen Kopf umgaben Hunderte durchbohrter Schne-ckengehäuse und Eckzähne von Hirschen (Hirschgrandeln), die vielleicht von einem Hut oder einer Maske stammten. Zu den Grabbeigaben gehörten Gehänge aus Mammutelfenbein und Lochstäbe aus Hirschgeweih.

Manche Bestattungen von Sungir bei Vladimir unweit der russischen Hauptstadt Moskau liefern Anhaltspunkte dafür, wie die damalige Ober- und Unterbekleidung aussah. Zwar war die Kleidung selbst nicht mehr erhalten, aber sie ließ sich aus der Lage des aufgenähten Schmuckes aus Tierzähnen,

Rekonstruktion eines Schmuckes nach Funden aus dem Gravettien von Grub-Kranawetberg bei Stillfried an der March in Niederösterreich. Foto: Wolfgang Sauber / CC-BY-SA4.0 (via Wikimedia Commons), lizensiert unter Creative-Commons-Lizenz by-sa-4.0-en, https://creativecommons.org/licenses/by-sa/4.0/legalcode

Mammutelfenbein und durchlochten Schnecken rekonstruieren. Die Verteilung der Schmuckperlen aus fossilem Holz oder Elfenbein bei der 1964 entdeckten Bestattung von Sungir zeigt, dass dieser Mensch als Oberbekleidung eine Pelz- oder Lederjacke ohne Vorderausschnitt trug. Als Unterbekleidung diente eine Pelz- oder Wildlederhose, die vermutlich mit leichten Schuhen zusammengenäht war. Letztere hatten wahrscheinlich das Aussehen indianischer Mokassins und dürften aus Tierleder angefertigt gewesen sein. Die Hose wurde an den Knien und an den Knöcheln durch eine breite Schärpe aus Leder zusammengezogen, die mit Perlen geschmückt war. Zusätzliche Erkenntnisse über die damalige Kleidung und den Schmuck konnte man an den 1969 geborgenen Bestattungen von Sungir gewinnen. Demnach schützte man den Kopf durch eine reich mit Perlen verzierte Pelzmütze. Die kurzgeschnittene Oberbekleidung wurde vorn mit langen Nadeln aus Mammutelfenbein zugeknöpft. Auf der Brust trug man aus Knochen gefertigten Schmuck. Hinzu kamen dünne Armbänder aus Elfenbein und Ringe aus Knochen an den Daumen. Die Füße waren mit Pelzstiefeln beschuht.

Wie die Gravettien-Leute in anderen Gebieten Europas dürften sich auch die Jäger in Österreich mit durchbohrten Schmuckschnecken, die man auf die Kleidung aufnähte oder auf dünnen Schnüren auffädelte und als Ketten trug, geschmückt haben. In einer Behausung mit einer Feuerstelle am Kranawetberg in Grub bei Stillfried an der March in Niederösterreich barg man neben zahlreichen Steingeräten auch 49 Knochenperlen und Perlenbruchstücke, die als Schmuck dienten. In Deutschland gab es damals aus Mammutelfenbein geschnitzte Armringe. Drei solche Schmuckstücke barg man in der Magdalenahöhle bei Gerolstein in der Eifel. Die Rötelstücke aus dem Mießlingtal bei Spitz lassen die Möglichkeit zu, dass sich die Gravettien-

Die Fundstelle Willendorf II in der Wachau (Niederösterreich)
auf einem Foto vom 7. August 1908, dem Tag, an dem die
„Venus von Willendorf" (auch „Venus I" genannt) entdeckt wurde.
Links der Wiener Prähistoriker Josef Bayer (1882–1931).
Foto: Naturhistorisches Museum Wien, Prähistorische Abteilung

Leute wie die nordamerikanischen Indianer bei bestimmten Gelegenheiten das Gesicht und den Körper bemalten. Daneben haben sie wohl auch verschiedene Gegenstände und vielleicht sogar die Zeltdächer damit verschönert. Österreich gehörte im Gravettien zu dem riesigen, von Russland bis nach Frankreich reichenden Verbreitungsgebiet der für diese Kulturstufe typischen üppigen Frauenfiguren („Venusfiguren") aus Stein, Knochen oder Elfenbein. Als eines der bekanntesten Kunstwerke dieser Art gilt die am 7. August 1908 am niederösterreichischen Fundort Willendorf II entdeckte steinerne „Venus von Willendorf". Sie wurde bei einer Ausgrabung unter der Oberleitung von Josef Szombathy geborgen, an der sich auch Josef Bayer und Hugo Obermaier beteiligten. Szombathy war Kustos der „Prähistorischen Abteilung" des „Naturhistorischen Hofmuseums" in Wien, der 25-jährige Bayer seit 7. Juni 1908 Volontär am Hofmuseum und Obermaier freiwilliger Helfer. Einer Legende zufolge hielten sich Szombathy, Bayer und Obermaier zum Zeitpunkt der Entdeckung der „Venus von Willendorf" durch einen Arbeiter namens Johann Veran zufällig in einem nahen Gasthaus auf. Obwohl angeblich keiner der drei Prähistoriker wirklich Augenzeuge des Fundes gewesen sein soll, stritten sie später darüber, wer der wahre Grabungsleiter und somit auch der Finder sei. Der Arbeiter hatte die „Venusfigur" im ersten Augenblick für einen merkwürdigen Stein gehalten. Als er ihn mit seinem Taschentuch abrieb, erkannte er, dass er wie eine dicke Frau aussah. Er zeigte den seltsamen Fund zunächst seinen Kollegen und später angeblich Josef Szombathy. Vor lauter Aufregung über diese ungewöhnliche Entdeckung hatte man nicht genau darauf geachtet, aus welcher der insgesamt neun Kulturschichten der Fundstelle Willendorf II die „Venus" zum Vorschein gekommen war. Die unterste und somit älteste Schicht 1 datiert

„Venus von Willendorf" („Venus I") von der Seite.
Original im Naturhistorischen Museum Wien.
Foto: Matthias Kabel / CC-BY-SA-3.0 (via Wikimedia Commons),
lizensiert unter Creative-Commons-Lizenz by-sa-3.0-en,
https://creativecommons.org/licenses/by-sa/3.0/legalcode

„Venus von Willendorf" („Venus I") von hinten.
Original im „Naturhistorischen Museum Wien".
Foto: Don Hitchcock/ CC-BY-SA3.0 (via Wikimedia Commons),
lizensiert unter Creative-Commons-Lizenz by-sa-3.0-de,
https://creativecommons.org/licenses/by-sa/3.0/legalcode

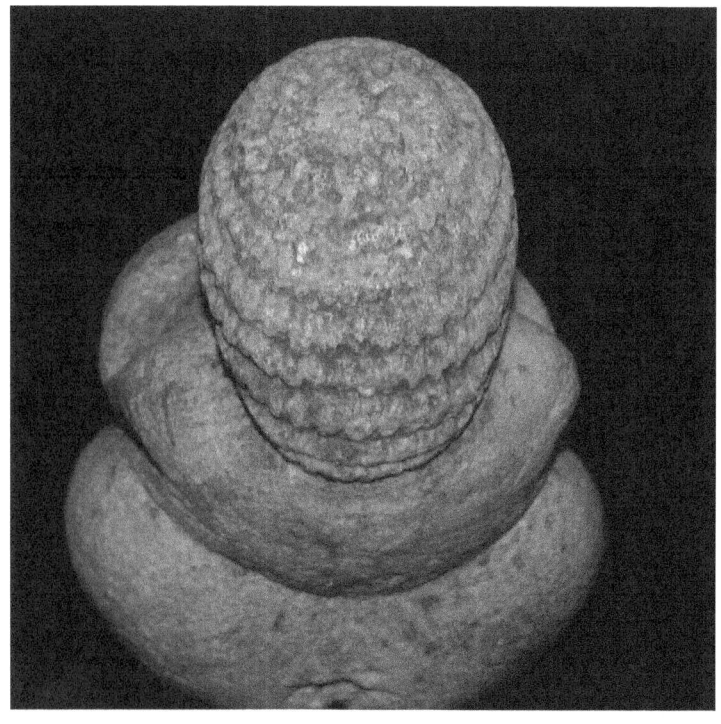

Hinterkopf der „Venus von Willendorf" („Venus I").
Original im „Naturhistorischen Museum Wien".
Foto: Don Hitchcock/ CC-BY-SA3.0 (via Wikimedia Commons),
lizensiert unter Creative-Commons-Lizenz by-sa-3.0-de,
https://creativecommons.org/licenses/by-sa/3.0/legalcode

man ins Moustérien, die Schichten 2 bis 4 ins Aurignacien und die Schichten 5 bis 9 ins Gravettien. Szombathy informierte sich über die Fundumstände, notierte Schicht 7 in sein Tagebuch, korrigierte jedoch später diese Angabe und trug Schicht 9 ein. Noch heute wird der Fund der neunten, also chronologisch jüngsten Schicht zugeordnet. Für die „Venusfigur" ließ Szombathy eine rotbraune Lederschatulle mit in Gold geprägter Aufschritt anfertigen. Der Text lautet: „Willendorf II. 9. Schichte. 7. August 1908. J. Szombathy. Dr. J. Bayer. Dr. H. Obermaier."

Die 1908 entdeckte „Venus I" von Willendorf ist 10,3 Zentimeter hoch und besteht – wie man erst seit 2007 weiß – aus dem Gestein Oolith (Eierstein), das aus der mährischen Lagerstätte Stránska Skála stammen könnte. Die Plastik stellt eine nackte Frau in aufrechter Haltung dar, die einen runden Kopf mit einer seltsamen, durch mehrere Wülste angedeuteten „Haartracht" besitzt. Am Gesicht sind weder Augen noch Ohren, Nase, Mund und Kinn zu erkennen. Auffällig sind die Hängebrüste, der Spitzbauch, die stark betonten Genitalien, das dicke Gesäß und die breiten Oberschenkel. Die Füße fehlen hier ebenso wie bei anderen „Venusfiguren". Farbreste weisen darauf hin, dass die ganze Figur ursprünglich rot gefärbt war. Lange Zeit gab man das geologische Alter der „Venus von Willendorf" mit etwa 25.000 Jahren an. Neuerdings heißt es, sie sei ungefähr 29.500 Jahre alt.

Eine weitere Frauenfigur – „Venus II" genannt – wurde bei Ausgrabungen unter der Leitung von Josef Bayer vom Juni bis Juli 1926 ebenfalls am Fundort Willendorf II geborgen. Sie kam in Schicht 5 ans Tageslicht, besteht aus Mammutelfenbein, maß ursprünglich 30 Zentimeter Länge und hat die Gestalt einer grob stilisierten, schlanken Frau. Diese „Venus" ruhte auf dem rechten Ast eines Mammutunterkiefers, der in

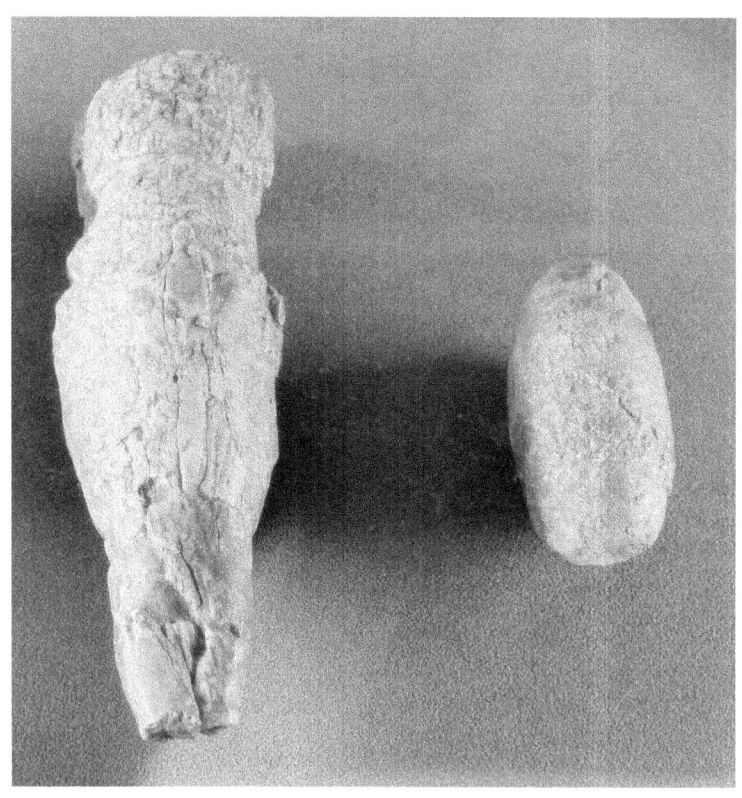

*1926 entdeckte „Venus II" (links) und umstrittene „Venus III" (rechts)
von Willendorf in der Wachach (Niederösterreich).
Foto: Matthias Kabel / CC-BY2.5 (via Wikimedia Commons),
lizensiert unter Creative-Commons-Lizenz by-2.5,
https://creativecommons.org/licenses/by/2.5/legalcode*

einer Grube lag. Kopf und Fußspitze dieser Figur sind schon in der Altsteinzeit abgebrochen, daher ist sie nur noch 23,2 Zentimeter lang. Die Fundlage in der ältesten Gravettien-Schicht von Willendorf II zeigt, dass die zweite „Venus" früher geschnitzt wurde als die zuerst geborgene. Umstritten ist die Deutung eines merklich kleineren Elfenbeinstückes mit Bearbeitungsspuren als „Venus III".

Nach dem Tod von Josef Bayer, der im Juli 1931 einem Krebsleiden erlag, wollte eine ehemalige Mitarbeiterin von ihm die Streitfrage klären, wer tatsächlich die 1908 geborgene „Venus I" von Willendorf entdeckt hat. Aus diesem Grund wurde am 25. Januar 1932 beim Notar Dr. Hans Gärtner in Spitz an der Donau ein Protokoll mit ehemaligen Grabungshelfern in Willendorf aufgenommen. Der Arbeiter Karl Heis erklärte, Bayer habe „cirka im Juli" 1908 mit Grabungen in Willendorf begonnen und hierfür ungefähr 12 bis 15 Arbeiter, darunter auch ihn, eingestellt. Von diesen Arbeitern seien inzwischen die meisten schon gestorben. Die Grabungshelfer hätten keinen anderen als Bayer gekannt. Kein anderer habe Arbeiter eingestellt, ihnen etwas angeschafft oder sie bezahlt. Nur Bayer und dessen Arbeiter hätten gegraben. „Am 8. oder 9. Tag" sei die „Venus" um „zirka halb zehn bis zehn Uhr" vormittags geborgen worden. Heis hat den Fund nicht gesehen, „weil er mit der Schreibtruhe gefahren" ist. Er glaube, dass ein Arbeiter die „Venus" entdeckt habe, der den Fund sofort Bayer meldete. Bayer habe sich sehr darüber gefreut, die Arbeit einstellen lassen und die Grabungshelfer ins Wirtshaus geschickt, wo er ihnen „eine Jause zahlte". Nach der Entdeckung seien die Grabungen bis „zirka Ende August" fortgesetzt worden.

Im September 1955 erfolgte eine systematische Grabung an der Fundstelle „Willendorf II" durch den Prähistoriker Fritz Felgenhauer. 1959 veröffentlichte er alle bis dahin dort geborgenen Funde in einer umfangreichen Monographie. Wegen der großen wissenschaftlichen Bedeutung der „Venus I" stellte man 1978 an deren Fundort ein Denkmal auf, das die 1908 entdeckte Frauenfigur zeigt. Anlässlich des 100. Jahrestages der Entdeckung der „Venus von Willendorf" erschien 2008 das Buch „Venus" der Prähistoriker Walpurga Antl-Weiser und Anton Kern sowie des Fotografen Lois Lammerhuber. Darin erfuhr man interessante Einzelheiten über die Entdeckungsgeschichte. Dem erwähnten Buch zufolge war Josef Szombathy am Abend des 6. August 1908 mit dem Schiff auf der Donau von Wien nach Aggsbach gereist. Am nächsten Morgen fuhr er mit einem Fuhrwerk nach Willendorf. Während der Grabung am Vormittag des 7. August 1908 saß Szombathy nicht im Wirthaus, wie die Legende behauptete, sondern ging hinter den Arbeitern auf und ab, um zu beobachten, wie Funde freigelegt wurden. Nachdem der Arbeiter Johann Veran auf die Figur gestoßen war, sah Szombathy als Erster den Fund und zeigte sie Josef Bayer.

Szombathy ließ sich nicht anmerken, dass ein Sensationsfund geglückt war und bezeichnete die Figur als „Lösskindl", worunter man eine Kalkkonkretion versteht, die eine eigenartige Form annehmen kann. Der Kustos fotografierte die Fundstelle und ging mit Bayer in ein Gasthaus. Dort wuschen sie die Figur und bemerkten, dass sich rote Farbe davon löste. Bereits kurz nach der Entdeckung schätzte Szombathy den Wert der Figur auf ein Zehnfaches des Jahresgehaltes von Bayer.

1909 fertigte man Abgüsse der Figur aus Willendorf an und stellte sie wissenschaftlichen Institutionen zur Verfügung. Die internationale Presse informierte man erst 1910 über den ungewöhnlichen Fund. Szombathy präsentierte die „Venus von Willendorf" 1909 auf einem Fachkongress in Posen. Hugo

Obermaier, der – laut der Prähistorikerin Walpurga Antl-Weiser
– „einen nicht unerheblichen Teil der wissenschaftlichen
Verantwortung bei der Ausgrabung trug", fühlte sich nach
diesem Alleingang von Szombathy gekränkt. Der deutsche
Prähistoriker war ursprünglich dafür vorgesehen, über die
Ausgrabung zu berichten. Statt dessen vertröstete man ihn auf
eine gemeinsame Präsentation aller drei an der Entdeckung
beteiligten Prähistoriker. „So kann man sehen, dass Männer
auch noch über die ältesten Frauen der Welt zu streiten imstande
sind", schrieb Walpurga Antl-Weiser.

Außer den Frauenfiguren „Venus I" und „Venus II" von der
Fundstelle Willendorf II wird in der Fachliteratur nur noch
ein aus Mammutelfenbein angefertigter Pfriem mit eingeritztem
Fischgrätenmuster aus Aggsbach an der Donau als Gravettien-
Kunstwerk in Österreich aufgeführt. Höhlenmalereien gab es
damals in Österreich offensichtlich nicht.

Ab dem Gravettien kam in Frankreich (Gargas) und in Italien
(Paglicchöhle) der Brauch auf, menschliche Handabdrücke in
Farbe an den Wänden von Höhlen und Halbhöhlen zu
verewigen. Negative Handabdrücke entstanden dabei durch
Auftupfen von Farbe rund um die auf den Felsen gelegte
Hand. Positive Handabdrücke dagegen fertigte man durch
Aufdrücken der mit Farbe beschmierten Hand an. Derartige
Handabdrücke mit schwarzer, roter oder schwarzbraun-
ockerner Farbe fand man einzeln oder in Gruppen.
Vermutlich verweisen diese Handabdrücke auf Initiationsriten,
bei denen die Jugendlichen feierlich in den Kreis der
Erwachsenen aufgenommen wurden. Zu mancherlei Speku-
lationen geben vor allem jene Handabdrücke Anlass, bei denen
Finger oder Fingerglieder fehlen. Dies führte zu der Annahme,
ähnlich wie bei bestimmten afrikanischen, indianischen und
australischen Naturvölkern seien aus rituellen Gründen Finger

Menschliche Handabdrücke in der Höhle von Gargas
bei Aventignan im französischen Département Hautes-Pyrénées.
Foto: Locutus Borg (via Wikimedia Commons),
Lizenz: gemeinfrei (Public domain)

abgetrennt worden. Beispielsweise als Opfergabe für die Abwehr von Krankheit und Tod oder aus Trauer beim Tod eines Kindes, Gatten oder Häuptlings.

Die fehlenden Finger oder Fingerglieder lassen sich aber auch durch Erfrierungen in strengen Wintern, Krankheit oder Unglücksfälle erklären. Der französische Prähistoriker Henri Breuil (1877–1961) stellte fest, dass es sich meistens um Abdrücke der linken Hand handelte. Demnach hätte ein Rechtshänder die linke Hand auf die Höhlenwand gedrückt und mit der rechten Hand ummalt. Der Pariser Prähistoriker André Leroi-Gourhan (1911–1985) meinte dagegen, es seien lediglich die Handrücken mit bestimmten nach innen gebogenen Fingern an die Höhlenwand gelegt worden. Denkbar sei aber auch, dass ein Schamane die Handabdrücke bei bestimmten Feierlichkeiten herstellte.

Manchmal ließen sich sogar Handabdrücke von zwei- bis dreijährigen Kindern beobachten. Die Kleinen sind – nach der Höhe der Abdrücke zu schließen – von Erwachsenen hochgehoben worden.

In österreichischen Höhlen konnten bisher keine solchen Handabdrücke nachgewiesen werden. Entweder gab es in dem riesigen Verbreitungsgebiet des Gravettien von Russland bis nach Spanien regionale Unterschiede im Kult, oder solche Handabdrücke sind in Österreich allesamt durch die Witterungsunbilden der letzten Eiszeit zerstört worden.

Die Steinwerkzeuge der Gravettien-Leute werden den Klingen-Industrien zugerechnet. Als besonders charakteristisch gelten die bereits erwähnten Gravette-Spitzen mit einer dünnen Spitze und einer abgestumpften Längskante. Derartige Gravette-Spitzen kennt man unter anderem von den niederösterreichischen Fundorten Aggsbach, Stillfried und Willendorf II.

Auf dem Arbeitsplatz eines Steinschlägers in Stillfried an der

March wurden nicht nur zahlreiche fertige Gravette-Spitzen gefunden, sondern auch die als Rohmaterial dienenden, 6 bis 10 Zentimeter großen Steinknollen, die davon abgeschlagenen Lamellen und verschiedene Zwischenstufen von Gravette-Spitzen. Besonders wichtig ist die Entdeckung einer Rentiergeweihstange, die als eine Art von Zwingenschäftung benutzt worden ist. Man steckte die halbfertigen Steinklingen in die Rillen der Geweihstange, um diese bei der Retuschierung besser halten zu können. Eine solche Halterung bei der Herstellung von Steinspitzen hatte man schon lange vermutet, nun aber erstmals nachgewiesen.

Eine beachtliche Kollektion von Feuersteinwerkzeugen aus dem Gravettien hat der Pressezeichner und Sammler Ladislaus Kmoch (1897–1971) aus Bisamberg gemeinsam mit seiner Ehefrau Theresia (1902–1987) auf Äckern von Klein-Wilfersdorf bei Korneuburg in Niederösterreich zusammengetragen. Derartigen Heimatforschern verdankt die österreichische Urgeschichtsforschung viele interessante Funde und wichtige Erkenntnisse. Im Fundgut aus dem Mießlingtal bei Spitz gibt es außer Klingen aus Feuerstein auch Stichel, Schaber und Feuersteinknollen (Nukleus), von denen man die zum Anfertigen von feineren Werkzeugformen erforderlichen kleineren Absplisse abgeschlagen hat. Die Feuersteinwerkzeuge dieses Fundortes wurden mit Klopfsteinen aus Quarz zurechtgehauen. Das Rohmaterial holte man von der nahen Donau, schaffte es ins Mießlingtal und verarbeitete es dort.

Dass man außer Stein auch anderes Material für Werkzeuge verwendete, belegt ein bearbeiteter Mammutstoßzahn aus Stillfried an der March, von wo der erwähnte Arbeitsplatz eines Steinschlägers bekannt ist.

Wie im Aurignacien dienten im Gravettien hölzerne Stoßlanzen und Wurfspeere als Waffen für die Jagd und möglicherweise

auch beim Kampf mit feindlichen Artgenossen. Die Speer-
schäfte stellte man aus langen, geraden Stämmchen von jungen
Bäumen her, deren Zweige und Unebenheiten mit scharfkantigen Feuersteinwerkzeugen entfernt wurden. Nach Ansicht
mancher österreichischer Prähistoriker trat spätestens im
Gravettien neben Lanze und Speer erstmals der Bogen als
präzise Fernwaffe. Sie interpretieren bestimmte Kerbspitzen
als Pfeilspitzen. Daneben könnte es Steinschleudern oder Bolas
(wofür Funde von offensichtlich gezielt aufgesammelten, gut
gerundeten Geröllen von etwa fünf Zentimeter Durchmesser
sprechen) und Wurfhölzer (eine Art von Bumerang) gegeben
haben.
Über die Bestattungssitten der Gravettien-Leute in Österreich
wusste man bis zur Entdeckung der Säuglingsbestattungen von
Krems-Wachtberg wenig, da vorher keine vollständig erhaltenen Gräber wissenschaftlich untersucht worden sind. Die
vernichteten vollständigen Skelette aus Krems-Hundssteig und
dem Mießlingtal bei Spitz beweisen aber zumindest, dass in
manchen Fällen Ganzkörperbestattungen üblich waren. Vom
Körper getrennte und isoliert bestattete Schädel, wie sie für
Kopfbestattungen bzw. den Schädelkult typisch sind, oder
Schädelbecher, wie man sie in der Tschechien kennt, fand man
bisher in Österreich nicht. Für die in anderen Teilen Europas
praktizierte Leichenzerstückelung sowie für rituell motivierten
Kannibalismus entdeckte man ebenfalls bis jetzt keine
Anzeichen.
Wie im übrigen Europa huldigten die Gravettien-Leute in
Österreich einem Fruchtbarkeitskult, bei dem die zumeist
fettleibigen Frauengestalten eine wichtige, aber nicht genau
geklärte Funktion hatten. Die meisten Prähistoriker betrachten
„Venusfiguren" wie die von Willendorf als bewegliche
Heiligtümer, die einst Fruchtbarkeits- oder Muttergottheiten,

Ladislaus Gundaker Graf Wurmbrand (1838–1901).
Foto: Aufnahme vor 1901

wenn nicht Schutz- oder Hausgottheiten verkörperten. Der deutsche Prähistoriker Hermann Müller-Karpe (1925–2013) hielt sie dagegen eher für Darstellungen von tatsächlich lebenden Einzelmenschen in ihrer Beziehung zu einer übernatürlichen Macht.

Der Wiener Prähistoriker Josef Bayer deutete die Fundlage der elfenbeinernen „Venus II" von Willendorf II auf einem Mammutunterkiefer als Ausdruck des Kults. Er spekulierte, man habe sie sich als Göttin des Jagdglücks und der Fruchtbarkeit vorgestellt. Tatsächlich fanden sich in der Nachbarschaft dieser „Venus" weitere Mammutunterkiefer und -schulterblätter.

Mit dem Kult wird auch ein von Menschenhand bearbeiteter Bärenzahn von Gobelsburg-Zeiselberg in Niederösterreich in Zusammenhang gebracht. Die Oberfläche des Zahns ist mit quer zur Längsrichtung stehenden, leicht eingeritzten, 3 bis 5 Millimeter langen Strichen versehen, die reihenweise in regelmäßigen Abständen voneinander angeordnet sind. Da die Zahnwurzel durchlocht ist, wurde der Bärenzahn vielleicht als Amulett (oder nur als Körperschmuck) getragen. Vielleicht erhoffte sich der Besitzer, dass dadurch die Stärke des Bären auf ihn übertragen werde. In der Gegend von Gobelsburg-Zeiselberg wurden vier Fundstellen entdeckt. Die ältesten Ausgrabungen hat 1876/1877 Ladislaus Gundaker Graf Wurmbrand (1838–1901) aus Wien durchgeführt. Er war vor allem an Urgeschichte interessiert und beschrieb bekannte steirische Bärenhöhlen wie die Drachenhöhle bei Mixnitz, Große Badlhöhle und Kleine Peggauerhöhle sowie die dort vorgefundenen fossilen Säugetiere. Besonderes Gewicht legte er auf Artefakte eiszeitlicher Menschen.

48

Kopie der „Venus von Willendorf" („Venus I") von vorne.
Aufgenommen in der Ausstellung „Magische Orte" (2011)
im „Gasometer Oberhausen".
Foto: Ziko van Dijk / CC-BY-SA3.0 (via Wikimedia Commons),
lizensiert unter Creative-Commons-Lizenz by-sa-3.0-de,
https://creativecommons.org/licenses/by-sa/3.0/legalcode

Literatur

ANGELI, Wilhelm: Die Venus von Willendorf, Wien 1989
ANTL-WEISER, Walpurga: Steinschläger-Werkstatt der
Altsteinzeit. Aus: Stillfried an der March von der Eiszeit bis
zur Gegenwart. Katalog des Niederösterreichischen Landes-
museums, S. 19–25, Horn o.J.
ANTL-WEISER, Walpurga: Die Steinzeit in Stillfried (Alt-
steinzeit und Jungsteinzeit). Veröffentlichungen des Mu-
seums für Ur- und Frühgeschichte Stillfried, S. 87–91, Wien
1988
ANTL-WEISER, Walpurga: Paläolithischer Schmuck von der
Gravettienfundstelle Grub/Kranawetberg bei Stillfried, Nie-
derösterreich. Annalen des Naturhistorischen Museums Wien,
S. 23–41, Wien, Dezember 1999
ANTL-WEISER, Walpurga: Die Frau von W. Die Venus von
Willendorf, ihre Zeit und die Geschichte(n) um ihre Auf-
findung, Wien 2008
ANTL-WEISER, Walpurga / KERN, Anton / LAMMER-
HUBER, Lois. Venus, Baden 2008
BACHMAYER, Friedrich / KOLLMANN, Heinz A. /
SCHULTZ, Ortwin / SUMMESBERGER, Herbert: Eine
Mammutfundstelle im Bereich der Ortschaft Ruppertsthal
(Groß-Weikersdorf) bei Kirchberg am Wagram, NO. Annalen
des Naturhistorischen Museums Wien, S. 263–282, Wien
1971
BAYER, Josef: Eine Station des Eiszeitjägers im Mießlingtal
bei Spitz a.d. Donau in Niederösterreich. Die Eiszeit, 4, S. 91–
94, Leipzig 1927

BAYER, Josef: Das zeitliche und kulturelle Verhältnis zwischen den Kulturen des Schmalklingenkulturkreises während des Diluviums in Europa. Die Eiszeit, S. 9–23, Leipzig 1928

BAYER, Josef: Die Venus II von Willendorf. Die Eiszeit, S. 48–54, Leipzig 1930

BINSTEINER, Alexander: Rätsel der Steinzeit zwischen Donau und Alpen. Linzer Archäologische Forschungen, Band 41, S. 1–96, Linz 2011

BRANDTNER, Friedrich: Die geochronoloische Stellung der paläolithischen Kulturschichte von Getzersdorf, N.-Ö. Mitteilungen der Prähistorischen Kommission der Österreichischen Akademie der Wissenschaften, Band 7, S. 3–93, Wien 1954

EHGARTNER, Wilhelm: Menschliche Skelettreste aus Willendorf. Mitteilungen der Prähistorischen Kommission, 8/9, S. 79–80, Wien 1959

EHGARTNER, Wilhelm / JUNGWIRTH, Johann: Ur- und frühgeschichtliche menschliche Skelette aus Österreich. Beiträge Österreichs zur Erforschung der Vergangenheit und Kulturgeschichte der Menschheit, S. 183–204, Horn 1959

EINWÖGERER, Thomas: Die jungpaläolithische Station auf dem Wachtberg in Krems, NÖ. Wien 2000

EINWÖGERER, Thomas / FRIESINGER, Herwig / HÄNDEL, Marc / NEUGEBAUER-MARESCH, Christine / SIMON, Ulrich / TESCHLER-NICOLA, Maria: Upper Paleolithic infant burials. Nature, 444, 285, London 2006

EINWÖGERER, Thomas / SIMON, Ulrich: Zwei altsteinzeitliche Säuglingsbestattungen an der Donau. Archäologie in Deutschland, Ausgabe 3/2011, Stuttgart 2011

EPPEL, Franz: Die Herkunft der Venus) von Willendorf. Archaeologia Austriaca, S. 114–145, Wien 1950

FELGENHAUER, Fritz: Aggsbach, ein Fundplatz des späten Paläolithikums in Niederösterreich. Mitteilungen der Prähistorischen Kommission der österreichischen Akademie der Wissenschaften, S. 157–272, Wien 1944

FELGENHAUER, Fritz: Miesslingtal bei Spitz a. d. Donau in Niederösterreich. Ein Fundplatz des oberen Paläolithikums. Archaeologia Austriaca, 5, S. 351–62 Wien 1950

FELGENHAUER, Fritz: Die Paläolithstation Spitz a. d. Donau, N.-Ö. Archaeologia Austriaca, S. 1–19, Wien 1952

FELGENHAUER, Fritz: Willendorf in der Wachau. Monographie der Paläolith-Fundstellen I-VII. Mitteilungen der Prähistorischen Kommission der Österreichischen Akademie der Wissenschaften, Wien 1956–1959

FELGENHAUER, Fritz: Das niederösterreichische Freilandpaläolithikum. Mitteilungen der Arbeitsgemeinschaft für Ur- und Frühgeschichte XII, S. 1–16, Wien 1962

FELGENHAUER, Fritz: Ein jungpaläolithisches Steinschlägeratelier aus Stillfried an der March, Niederösterreich. Zur Herstellung von Mikrogravettespitzen. Forschungen in Stillfried, S. 7–40, Wien 1980

FELGENHAUER, Fritz: Erforschung des Lebens- und Kulturraumes. Aus: Stillfried an der March von der Eiszeit bis zur Gegenwart. Ausgrabung in Stillfried. Katalog des Niederösterreichischen Landesmuseums, S. 7–14, Horn o.J.

GARROD, Dorothy: The Upper Palaeolithic in the light of recent discovery. Proceedings of the Prehistoric Society, S. 1–26, Cambridge 1938

HEINRICH, Wolfgang: Paläolithische Funde von Stillfried an der March. Forschungen in Stillfried, Veröffentlichungen der Österreichischen Arbeitsgemeinschaft für Ur- und Frühgeschichte, S. 53–60, Wien 1974

JENNY, Wilhelm A. von: Josef Bayer †. Prähistorische Zeitschrift, S. 291–292, Berlin 1931

JUNGWIRTH. Johann: Doz. Dr. Wilhelm Ehgartner. Mitteilungen der Anthropologischen Gesellschaft in Wien, S. 1–4, Wien 1967

JUNGWIRTH, Johann / STROUHAL, Ev•en: Jungpaläolithische menschliche Skelettreste von Krems-Hundssteig in Niederösterreich. Festschrift Kurt Gerhard zum 60. Geburtstag. S. 100–113. Zürich 1972

KROMER, Karl: J. Bayers „Willendorf II"-Grabung im Jahre 1913. Archaeologia Austriaca, Heft 5, S. 63–79, Wien 1950

NEUGEBAUER, Johannes-Wolfgang: Zur Auffindung der Venus von Willendorf. Archäologie Österreichs, Ausgabe 7/2, S. 4–9, Wien 1996

NEUGEBAUER-MARESCH, Christine: Steine, Bytes und Babys. Projekte Krems-Wachtberg seit 2005. Archäologie Österreichs, Österreichische Gesellschaft für Ur- und Frühgeschichte, Ausgabe 19/1, S. 25–33, Wien 2008

OAKLEY, Kenneth Page / CAMPBELL, Bernard Grant / MOLLESON, Theya Ivitsky: Catalog of fossil Hominids. Part II, Europe. Trustees of the British Museujm (Natural History), London 1971

PROBST, Ernst: Die „Venus von Willendorf". Das Gravettien. In: Deutschland in der Steinzeit. Jäger, Fischer und Bauern zwischen Nordseeküste und Alpenraum, S. 134–138, München 1991

SZOMBATHY, Josef. Die Aurignacienschichten im Löss von Willendorf. Korrespondenzblatt der Deutschen Gesellschaft für Anthropologie, Ethnologie und Urgeschichte, XI, S. 85–89, Augsburg 1909

SZOMBATHY, Josef: Der menschliche Unterkiefer aus dem

Mießlingtal bei Spitz, N.-Ö. Archaeologia Austriaca, 5, S. 1–5, Wien 1950

VORARLBERG ONLINE: Zwillinge vom Wachtberg: 32.000 Jahre alte Säuglingsbestattung im NHM freigelegt, 14. Juli 2015 https://www.vol.at/32-000-jahre-alte-saeuglings-bestattung-im-nhm-freigelegt/4392290

WIKIPEDIA (Online-Lexikon) Gravettien https://de.wikipedia.org/wiki/Gravettien

WIKIPEDIA (Online-Lexikon) Krems-Wachtberg https://de.wikipedia.org/wiki/Krems-Wachtberg

WIKIPEDIA (Online-Lexikon) Venus von Willendorf https://de.wikipedia.org/wiki/Venus_von_Willendorf

Wissenschaftsautor Ernst Probst.
Foto: Klaus Benz, Fotograf, Mainz-Laubenheim

Der Autor

Ernst Probst, geboren am 20. Januar 1946 in Neunburg vorm Wald im bayerischen Regierungsbezirk Oberpfalz, ist Journalist und Wissenschaftsautor. Er arbeitete von 1968 bis 1971 bei den „Nürnberger Nachrichten", von 1971 bis 1973 in der Zentralredaktion des „Ring Nordbayerischer Tageszeitungen" in Bayreuth und von 1973 bis 2001 bei der „Allgemeinen Zeitung", Mainz. In seiner Freizeit schrieb er Artikel für die „Frankfurter Allgemeine Zeitung", „Süddeutsche Zeitung", „Die Welt", „Frankfurter Rundschau", „Neue Zürcher Zeitung", „Tages-Anzeiger", Zürich, „Salzburger Nachrichten", „Die Zeit", „Rheinischer Merkur", „Deutsches Allgemeines Sonntagsblatt", „bild der wissenschaft", „kosmos", „Deutsche Presse-Agentur" (dpa), „Associated Press" (AP) und den „Deutschen Forschungsdienst" (df). Aus seiner Feder stammen die Bücher „Deutschland in der Urzeit" (1986), „Deutschland in der Steinzeit" (1991), „Rekorde der Urzeit" (1992), „Dinosaurier in Deutschland" (1993 zusammen mit Raymund Windolf) und „Deutschland in der Bronzezeit" (1996). Von 2001 bis 2006 betätigte sich Ernst Probst als Buchverleger sowie zeitweise als internationaler Fossilienhändler und Antiquitätenhändler. Insgesamt veröffentlichte er mehr als 300 Bücher, Taschenbücher, Broschüren und über 300 E-Books.

Bücher von Ernst Probst

(Auswahl)

Als Mainz noch nicht am Rhein lag
Archaeopteryx. Die Urvögel in Bayern
Christl-Marie Schultes. Die erste Fliegerin in Bayern
(zusammen mit Theo Lederer)
Der Europäische Jaguar
Der Mosbacher Löwe. Die riesige Raubkatze aus Wiesbaden
Der Rhein-Elefant. Das Schreckenstier von Eppelsheim
Der Schwarze Peter. Ein Räuber im Hunsrück und Odenwald
Der Ur-Rhein. Rheinhessen vor zehn Millionen Jahren
Deutschland im Eiszeitalter
Deutschland in der Frühbronzezeit
Deutschland in der Mittelbronzezeit
Deutschland in der Spätbronzezeit
Die Aunjetitzer Kultur in Deutschland
Die Straubinger Kultur in Deutschland
Die Singener Gruppe
Die Arbon-Kultur in Deutschland
Die Ries-Gruppe und die Neckar-Gruppe
Die Adlerberg-Kultur
Der Sögel-Wohlde-Kreis
Die nordische Bronzezeit in Deutschland
Die Hügelgräber-Kultur in Deutschland
Die ältere Bronzezeit in Nordrhein-Westfalen
Die Bronzezeit in der Lüneburger Heide
Die Stader Gruppe

Die Oldenburg-emsländische Gruppe
Die Urnenfelder-Kultur in Deutschland
Die ältere Niederrheinische Grabhügel-Kultur
Die Unstrut-Gruppe
Die Helmsdorfer Gruppe
Die Saalemündungs-Gruppe
Die Lausitzer Kultur in Deutschland
Die Dolchzahnkatze Megantereon
Die Dolchzahnkatze Smilodon
Die Säbelzahnkatze Homotherium
Die Säbelzahnkatze Machairodus
Die Schweiz in der Frühbronzezeit
Die Rhône-Kultur in der Westschweiz
Die Arbon-Kultur in der Schweiz
Die Schweiz in der Mittelbronzezeit
Die Schweiz in der Spätbronzezeit
Dinosaurier von A bis K. Von Abelisaurus bis zu Kritosaurus
Dinosaurier von L bis Z. Von Labocania bis zu Zupaysaurus
Der rätselhafte Spinosaurus. Leben und Werk des Forschers
Ernst Stromer von Reichenbach
Eiszeitliche Geparde in Deutschland
Eiszeitliche Leoparden in Deutschland
Frauen im Weltall
Hildegard von Bingen. Die deutsche Prophetin
Höhlenlöwen. Raubkatzen im Eiszeitalter
Julchen Blasius. Die Räuberbraut des Schinderhannes
Johann Jakob Kaup. Der große Naturforscher aus Darmstadt
Königinnen der Lüfte
Königinnen der Lüfte in Deutschland
Königinnen der Lüfte in Europa
Königinnen der Lüfte in Frankreich

Königinnen der Lüfte in England und Australien
Königinnen der Lüfte in Amerika
Königinnen der Lüfte von A bis Z
Königinnen des Tanzes
Malende Superfrauen
Meine Worte sind wie die Sterne Die Entstehung der Rede des
Häuptlings Seattle (zusammen mit Sonja Probst, verheiratete
Werner)
Monstern auf der Spur. Wie die Sagen über Drachen, Riesen
und Einhörner entstanden
Neues vom Ur-Rhein. Interview mit dem Geologen und
Paläontologen Dr. Jens Sommer
Österreich in der Frühbronzezeit
Österreich in der Mittelbronzezeit
Österreich in der Spätbronzezeit
Pompadour und Dubarry. Die Mätressen von Louis XV.
Raub-Dinosaurier von A bis Z. Mit Zeichnungen von
Dmitry Bogdanav und Nobu Tamura
Rekorde der Urmenschen. Erfindungen, Kunst und Religion
Rekorde der Urzeit. Landschaften, Pflanzen und Tiere
Säbelzahnkatzen. Von Machairodus bis zu Smilodon
Säbelzahntiger am Ur-Rhein. Machairodus und
Paramachairodus
Superfrauen aus dem Wilden Westen
Superfrauen 1 – Geschichte
Superfrauen 2 – Religion
Superfrauen 3 – Politik
Superfrauen 4 – Wirtschaft und Verkehr
Superfrauen 5 – Wissenschaft
Superfrauen 6 – Medizin
Superfrauen 7 – Film und Theater

Superfrauen 8 – Literatur
Superfrauen 9 – Malerei und Fotografie
Superfrauen 10 – Musik und Tanz
Superfrauen 11 – Feminismus und Familie
Superfrauen 12 – Sport
Superfrauen 13 – Mode und Kosmetik
Superfrauen 14 – Medien und Astrologie
Tony und Bruno Werntgen. Zwei Leben für die Luftfahrt
(zusammen mit Paul Wirtz)
Was ist ein Menhir? Interview mit dem Mainzer Archäologen
Dr. Detert Zylmann
Wer ist der kleinste Dinosaurier? Interviews mit dem
Wissenschaftsautor Ernst Probst
Wer war der Stammvater der Insekten? Interview mit dem
Stuttgarter Biologen und Paläontologen Dr. Günther Bechly
Kastel in der Vorzeit. Von der Jungsteinzeit bis Christi Geburt
Kostheim in der Vorzeit. Von der Jungsteinzeit bis Christi
Geburt
Wiesbaden in der Steinzeit
Die Altsteinzeit. Eine Periode der Steinzeit in Europa vor etwa
1.000.000 bis 10.000 Jahren
Die Altsteinzeit in Österreich. Jäger und Sammler vor
250.000 bis 10.000 Jahren
Die Mittelsteinzeit. Eine Periode der Steinzeit vor etwa 8.000
bis 5.000 v. Chr.
Die Jungsteinzeit. Eine Periode der Steinzeit vor etwa 5.500
bis 2.300 v. Chr.
Das Moustérien in Österreich
Das Aurignacien. Eine Kulturstufe der Altsteinzeit vor etwa
35.000 bis 29.000 Jahren
Das Aurignacien in Österreich

Das Gravettien. Eine Kulturstufe der Altsteinzeit vor etwa 28.000 bis 21.000 Jahren
Das Gravettien in Österreich
Das Magdalénien. Die Blütezeit der Rentierjäger vor etwa 15.000 bis 11.500 Jahren
Das Magdalénien in Österreich
Die Hamburger Kultur. Eine Kulturstufe der Altsteinzeit vor etwa 15.000 bis 14.000 Jahren
Die Federmesser-Gruppe. Eine Kulturstufe der Altsteinzeit vor etwa 12.000 bis 10.700 Jahren
Das Jungacheuléen in Österreich
Das Moustérien in Österreich
Das Aurignacien in Österreich
Das Magdalénien in Österreich
Die Mittelsteinzeit. Eine Periode der Steinzeit vor etwa 8.000 bis 5.000 v. Chr.
Die Mittelsteinzeit in Baden-Württemberg
Die Mittelsteinzeit in Bayern
Die Mittelsteinzeit in Nordrhein-Westfalen
Die Ertebölle-Ellerbek-Kultur. Eine Kultur der Jungsteinzeit vor etwa 5.000 bis 4.300 v. Chr.
Die Stichbandkeramik. Eine Kultur der Jungsteinzeit vor etwa 4.900 bis 4.500 v. Chr.
Die Hinkelstein-Kultur. Eine Kultur der Jungsteinzeit vor etwa 4.900 bis 4.800 v. Chr.
Die Rössener Kultur. Eine Kultur der Jungsteinzeit vor etwa 4.600 bis 4.300 v. Chr.
Die Michelsberger Kultur. Eine Kultur der Jungsteinzeit vor etwa 4.300 bis 3.500 v. Chr.
Die Salzmünder Kultur. Eine Kultur der Jungsteinzeit vor etwa 3.700 is 3.200 v. Chr.

Die Wartberg-Kultur. Eine Kultur der Jungsteinzeit vor etwa 3.500 bis 2.800 v. Chr.

Die Walternienburg-Bernburger Kultur. Eine Kultur der Jungsteinzeit vor etwa 3.200 bis 2.800 v. Chr.

Die Kugelamphoren-Kultur. Eine Kultur der Jungsteinzeit vor etwa 3.100 bis 2.700 v. Chr.

Die Glockenbecher-Kultur. Eine Kultur der Jungsteinzeit vor etwa 2.500 bis 2.200 v. Chr.

www.ingramcontent.com/pod-product-compliance
Lightning Source LLC
Chambersburg PA
CBHW072247170526
45158CB00003BA/1023